나는 방금 집 근처 놀이터에서 신나게 논 뒤 집으로 돌아왔어. 놀이터도 좋지만 역시 집이 제일 편해. 눈에 보이지 않아도 생명이 있는 모든 것들은 집이 있대. 하늘 위를 날아다니는 새도, 발밑을 기어 다니는 지렁이도, 춤추는 돌고래도 매일 같이 아침을 맞이하고 밤을 기다리는 곳이 있겠지?
친구들은 집과 동네를 얼마나 좋아해? 지금 사는 집과 동네는 나의 모든 것을 담고 있으니 네가 좋아하는 것도 분명히 있을 거야. 나는 날마다 안고 자는 공룡 인형, 언제나 그림을 그릴 수 있는 스케치북이 펼쳐진 책상, 수영을 배울 수 있는 스포츠 센터, 매일 가는 아이스크림 가게를 좋아해.
친구들이 집을 얼마나 아끼는지 애정도 테스트를 준비해봤어. 집에서 신을 슬리퍼를 직접 만들어 보고, 집에서 사용하는 것들이 어떤 소리를 내는지 조용히 들어보는 건 어때? 지금의 집 말고 내가 살고 싶은 곳을 상상해보는 것도 재미있겠지?
참, 네가 집과 동네를 아주 많이 사랑하더라도 다른 사람을 불편하게 하면 안 되는 거 알지? 우리는 더불어 살아가고 있으니 규칙이 필요해.
우리 집에 어떤 규칙이 있으면 좋을까? 함께 지내는 가족들과 이야기 나눠서 우리 집 사용 설명서를 만들어 볼까? 집과 동네에서 즐거운 여름을 보내길 바랄게.

to guardians

모든 어린이는 다른 생각을 가지고 있어요. 그 생각이 어디에서 왔을까요? 유치원에서, 산책길에서, 친구와 하는 역할 놀이, 엄마와 하는 요리에서 작지만 중요한 아이디어가 싹트고 있어요. 우리 아이들이 단순히 물음에 답을 하기보다 직접 생각할 수 있는 스케치북으로 활용해 보세요.

아이들은 무엇이든 만들 수 있어요. 색칠하거나 가면을 만들거나 종이 상자를 만들고 색종이를 접을 수도 있죠. WEEDOO는 감각적인 컬러와 디자인으로 아이들을 더 즐겁게 놀이하게 합니다. 직접 그리고, 만들어 보세요.

감정을 그림으로 색으로 끄적임으로 표현하고 있는 아이들. 그 과정에서 나를 알고 생각을 나누고 세상을 배웁니다. 자신의 결로 자연스럽게 느끼고 알아갈 수 있도록 응원해 주세요.

play

EVERYONE HAS A HOME

우리 곁에 있는 동물 친구들의 집을 살펴본 적이 있어?
길을 걷다 멈춰서 나무 위, 땅, 바다를 둘러봐.
작고 귀여운 보금자리가 보이지?

think

NOW, TRY TO REMEMBER!

앞 페이지의 그림 기억나?
자세히 떠올려보고 퀴즈를 맞혀봐.

게의 다리는 몇 개일까?

6개 / 8개

부엉이는 어느 쪽 날개를
펼치고 있지?

왼쪽 / 오른쪽

땅속에는
몇 개의 구멍이 나 있어?

4개 / 5개

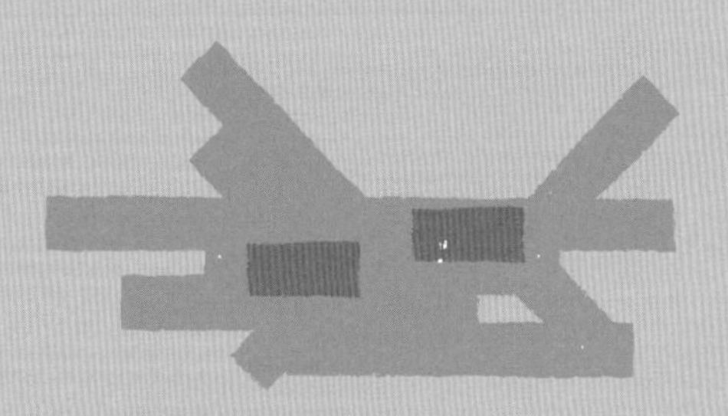

나무 위 집의 주인은
누구일까?

새 / 나무늘보

think

CONNECT THE PATTERNS

규칙대로 선을 이어볼까? 🍒🍇🍍 순서로 선을 그려 최종 목적지에 도착해보자.

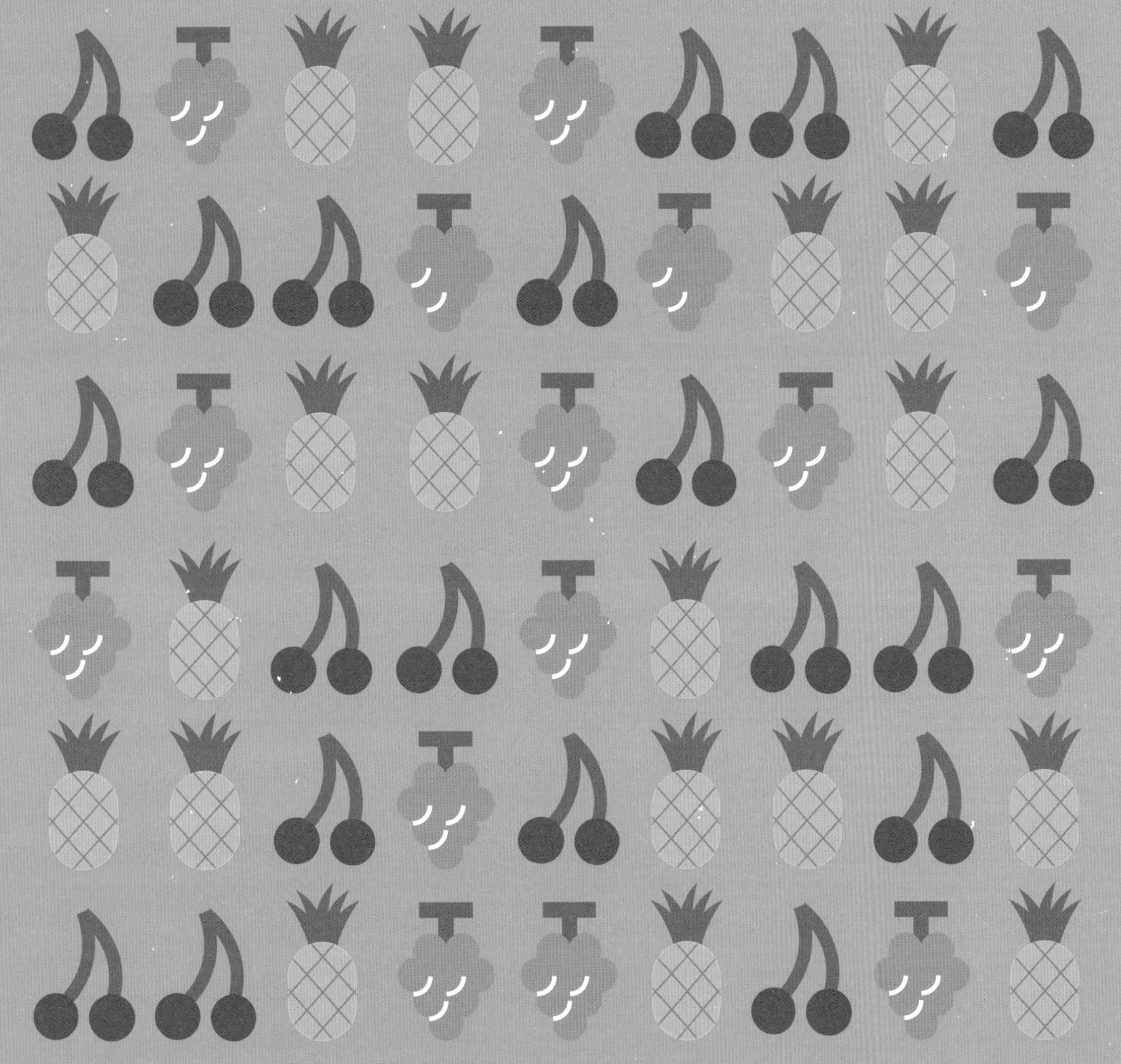

마지막 페이지에서 정답을 확인해 보세요.

SLIPPERS FOR MY LITTLE FEET

유치원이랑 학교에 가면
실내화를 신지? 집에서 신을
슬리퍼를 종이로 만들어 볼까?
좀 크거나 작아도 괜찮아.
집에서만 신을 건데 뭐!

glue
cut

cut!

HOME-LOVING TEST

나는 우리 집이 정말 좋아. 사랑하는 가족들이 있고 세상 그 어디보다 편하게 쉴 수 있거든. 친구들은 어때? 아래 열 가지 항목에 체크해보고, 친구들이 집을 얼마나 사랑하는지 알아보자.

- ☐ 우리 집의 겉과 안이 어떻게 생겼는지 그릴 수 있다.
- ☐ 우리 집에 이름을 붙여준 적이 있다.
- ☐ 우리 집 안에 나만의 아지트가 있다.
- ☐ 우리 집을 떠올리면 행복하거나 편안한 기분이 든다.
- ☐ 우리 집 벽이나 가구에 내 그림과 글을 붙여 놓았다.
- ☐ 우리 집에 해가 가장 잘 들어오는 시간을 알고 있다.
- ☐ 여행이나 캠프에서 집에 가고 싶다고 생각한 적이 있다.
- ☐ 우리 집의 좋은 점 세 가지를 3초 안에 말할 수 있다.
- ☐ 우리 집 창밖으로 보이는 풍경을 알고 있다.
- ☐ 이사를 한다면 슬플 것 같다.

1~3개

우리 집을 조금만 더 세심하게 챙기고, 바라보면 어떨까요? 그럴수록 집은 우리를 더 따뜻하게 품어줄 거예요.

4~7개

집을 좋아하고 있군요. 집안 곳곳에 추억과 흔적을 있어서 애정이 잘 느껴져요. 앞으로도 집을 잘 부탁해요!

8~10개

세상에서 우리 집을 제일 잘 알고 사랑하는군요! 집을 친한 친구로 생각하고 있네요. 우정이 오래오래 변치 않기를!

think

WHAT SOUND DO THEY MAKE?

양치를 할 때는 쓱쓱 소리가 나고,
가위를 쓸 땐 싹둑 소리가 나지?
우리 집에 있는 물건 중에
재미있는 소리가 나는 것들이 있어.
물건을 사용할 때 귀를 기울여보고,
하얀 칸에 소리를 적어보자.

머리 모양을 바꾸는 건 정말 재미있어. 그래서 동네 미용실에 가는 길은 항상 신이 나!
미용실을 만들고, 어떤 머리를 할지 상상해보자.

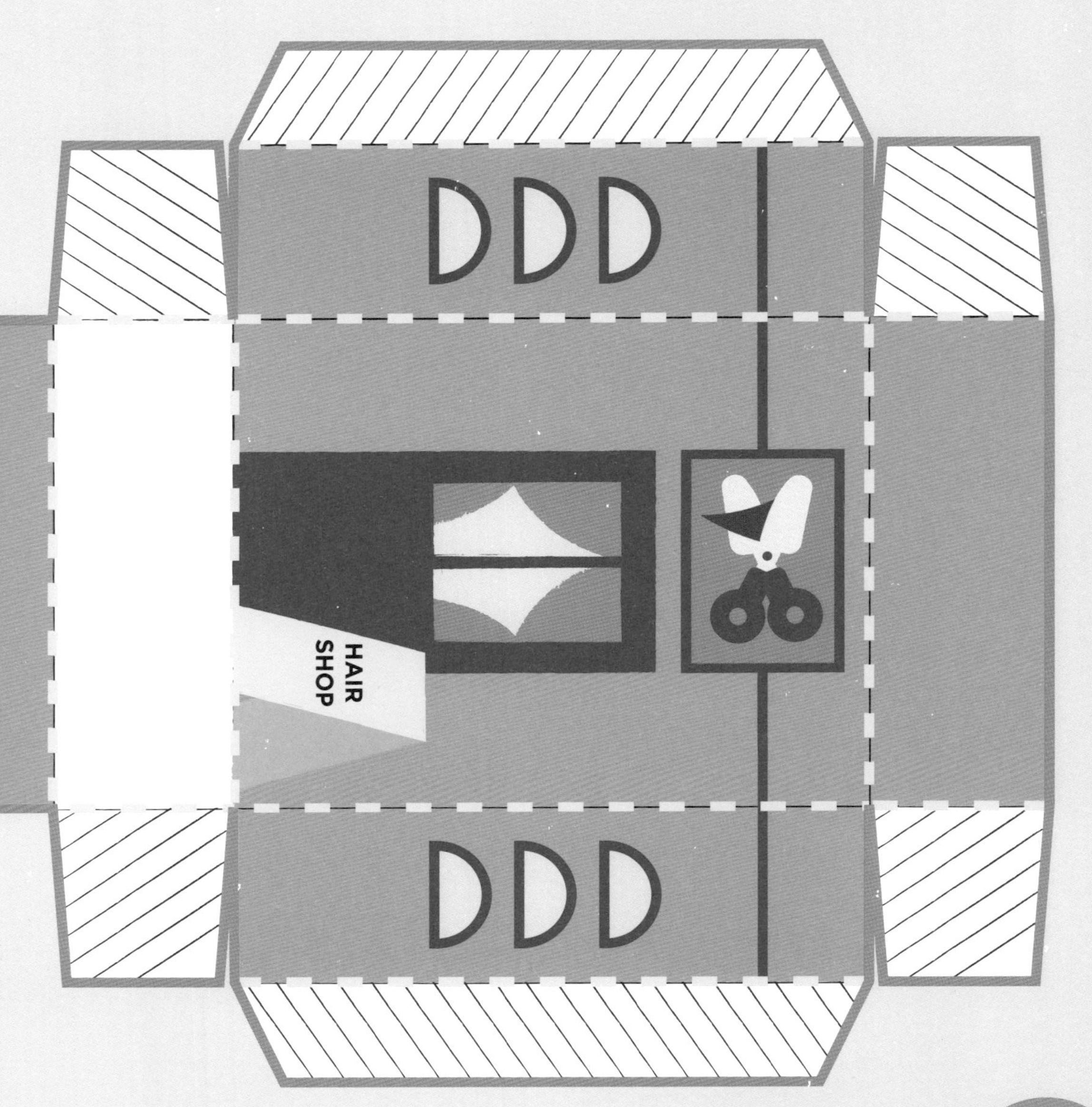

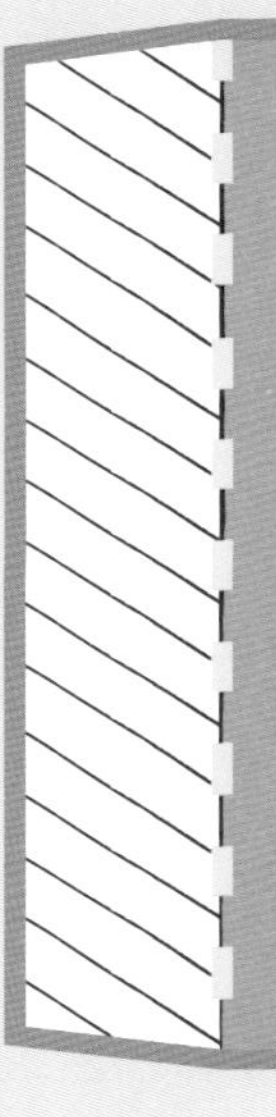

glue

cut

fold

think

HOUSE JUST LIKE ME!

바닷속 돌고래나
거북이 같은 동물을
좋아한다.

인어공주가 되는
상상을
해본 적이 있다.

별과 달을 관찰하기를
좋아한다.

미지의 세계를
탐험해보고 싶다.

산에서 부는
시원한 바람을
좋아한다.

곤충을
무서워하지 않고
친구가 될 수 있다.

집은 꼭 땅 위에만 지어야 할까? 상상 속에서는 어디에든 지을 수 있어.
친구들의 개성을 표현하는 말을 골라보고, 어떤 집을 지을지 상상해보자.

알록달록한 색감과
다양한 촉감을
좋아한다.

____ 개

바닷속

조용하고 집중할 수
있는 공간을 좋아한다.

____ 개

우주

<정글북>의 모글리를
부러워한 적 있다.

____ 개

숲 속

play

LET ME INTRODUCE MY NEIGHBORHOOD!

우리 집에서 유치원 가는 길이 어떻게 이어져 있고, 무엇이 있는지 살펴보고 그려봤어.
그걸 약도라고 부른대. 친구들도 약도 한번 그려볼래?

동네의 약도를 그려봐.

learn

OLD KOREAN HOUSES

옛날 사람들은 아파트, 단독주택,
빌라처럼 익숙한 집이 아니라
모양도 개성도 다른 집에 살았대.
친구들은 어떤 집이 마음에 들어?

기와집

흙으로 모양을 잡고 구워낸 '기와'로
지붕을 덮은 집이야. 옛날에는 기와가
부유함의 상징이었대.

우데기집

울릉도의 전통 집이야. 우데기는 쉽게
말하면 벽인데, 겨울이 찾아오면 세차게
부는 눈과 바람을 막아주는 역할을 했대.

돌담집

제주도를 대표하는 집이야. 크기도 모양도
다른 돌로 낮은 담을 쌓아 집의 경계를
지어놨대. 이 돌담집은 지금도 제주도
곳곳에서 볼 수 있어.

까치구멍집

초가지붕 옆면에 환기 통로를 열어둔 집을
말해. 그 모양이 까치집처럼 생겼다고 해서
지어진 이름이야.

YOU NEED US TO BUILD!

집을 짓는 과정에는 여러 가지 장비와 재료가 필요해. 어떤 것들이 우리 집을 튼튼하게 만들어주는지 볼까?

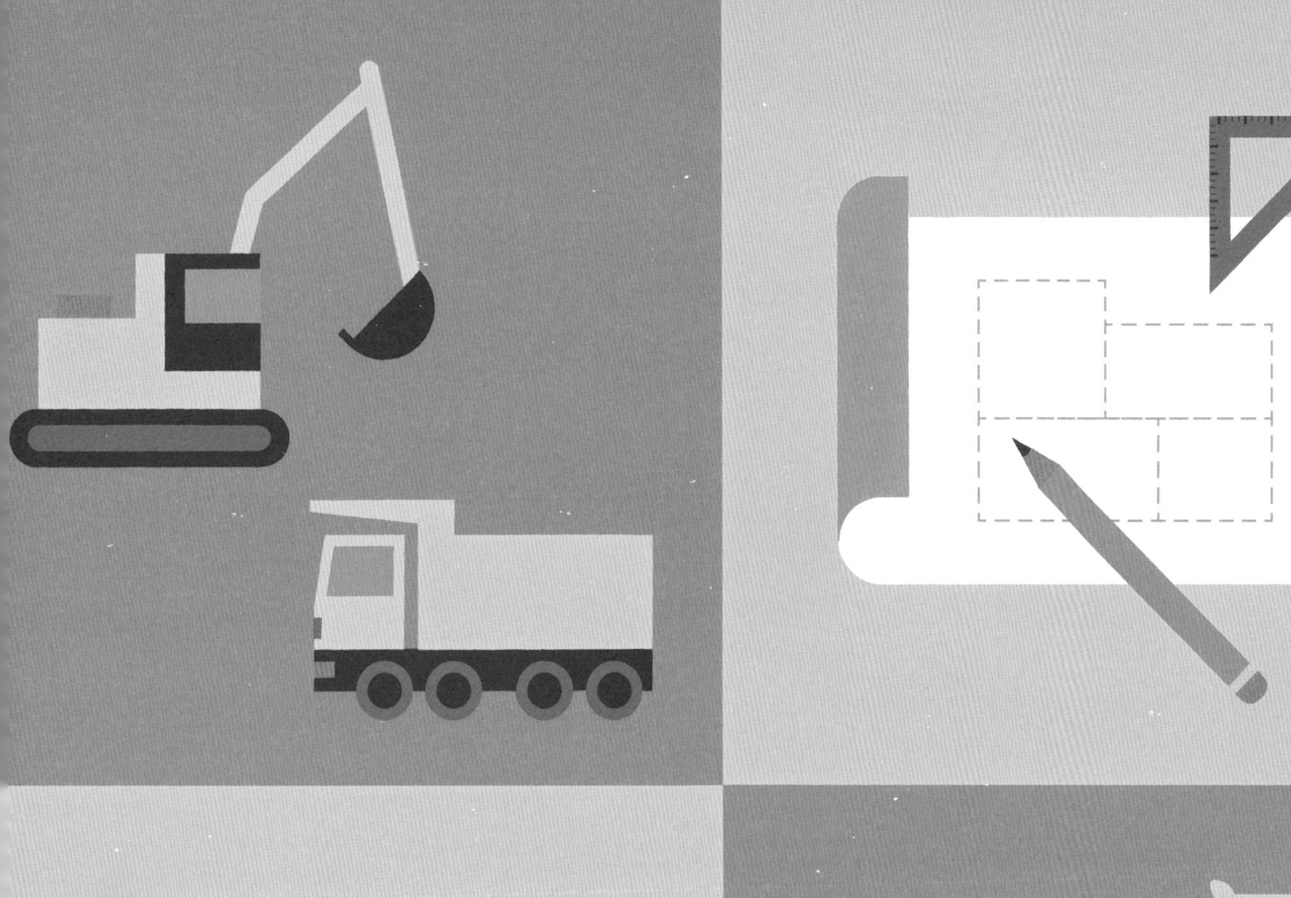

BLUEPRINT

설계도

EXCAVATOR

굴삭기

CEMENT

시멘트

HAMMER

망치

CONNECT THE DOTS!

1부터 72까지의 숫자를 순서대로 잇고 색칠해봐.
뚝딱뚝딱 망치질을 잘하는 목수 아리를 만날 수 있어.

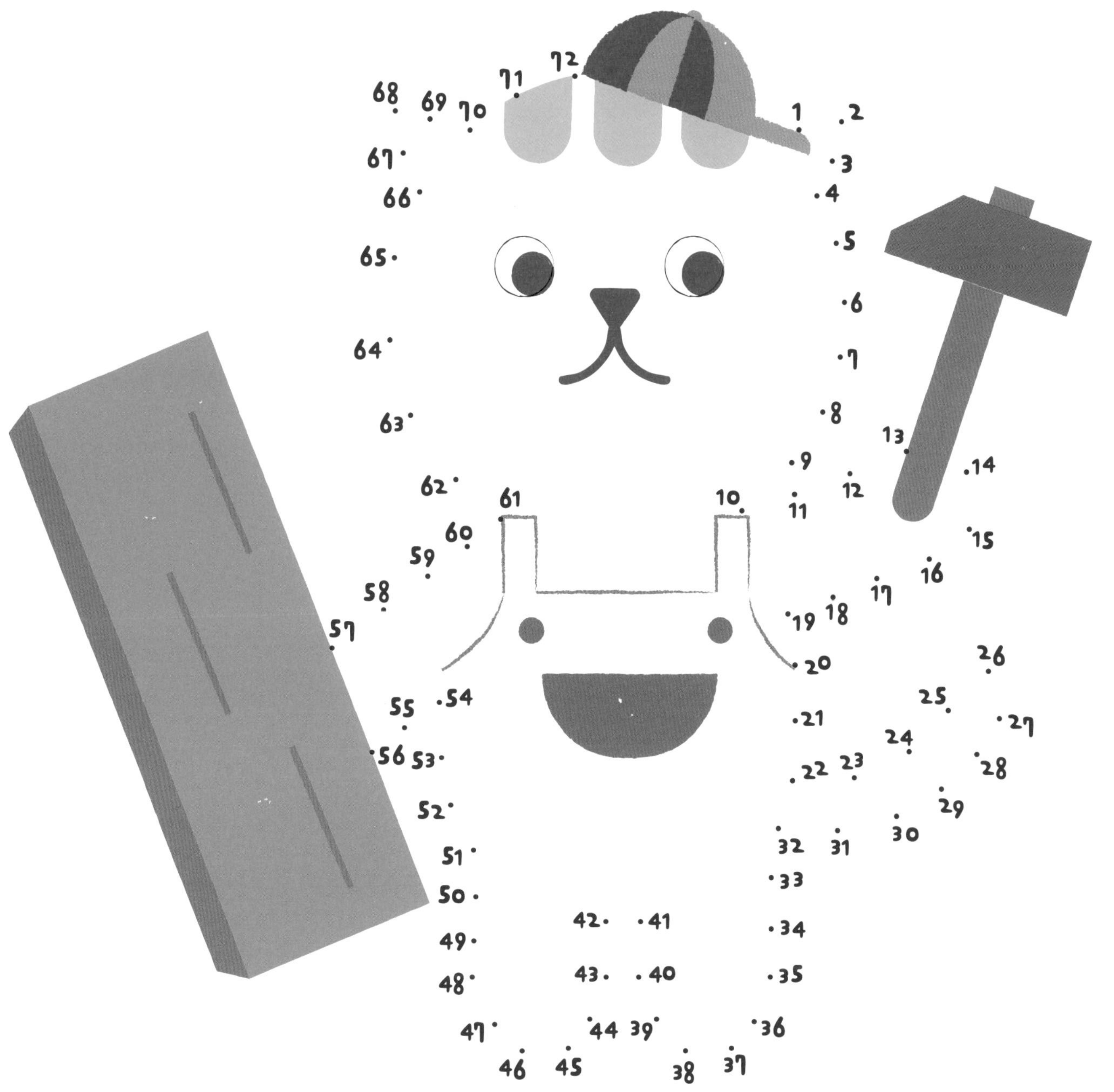

play

세계의 모든 집을 보기는 어려우니, 그림이나 사진으로 구경해보는 것도 좋을 것 같아.
모양대로 잘라 퍼즐을 만들고 완성해보자. 멋진 집이 보일 거야.

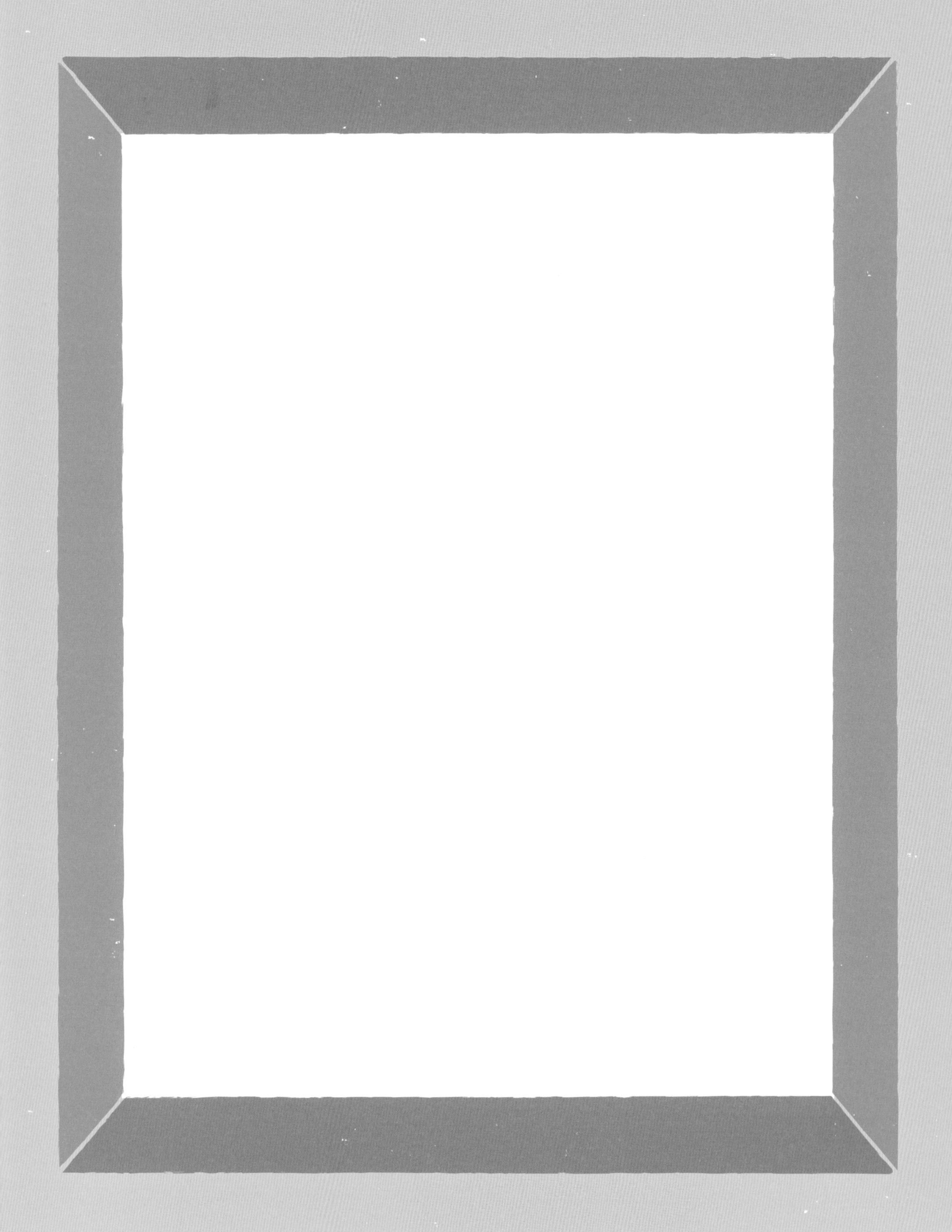

vincent van gogh, the yellow house, 1888

SWEET, ICY SNOW CONE WITH TOMATO SYRUP

1 토마토는 칼집을 내서 끓는 물에 데쳐야 해.

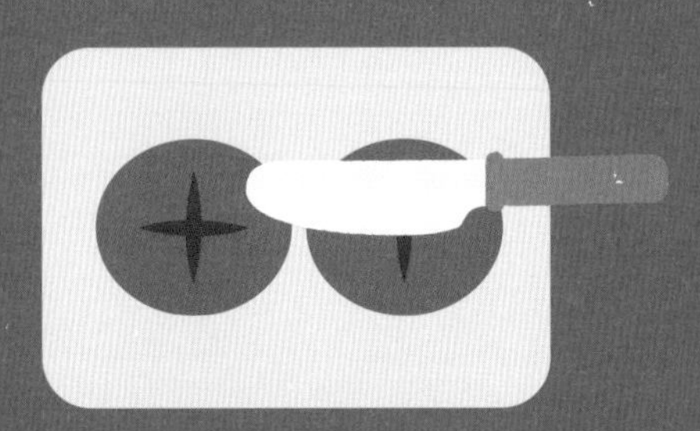

2 얼음물에 담그면 껍질이 잘 벗겨질 거야.

3 식힌 토마토는 수프처럼 묽게 갈아주고

4 냄비에 넣은 채로 보글보글 끓여줘.

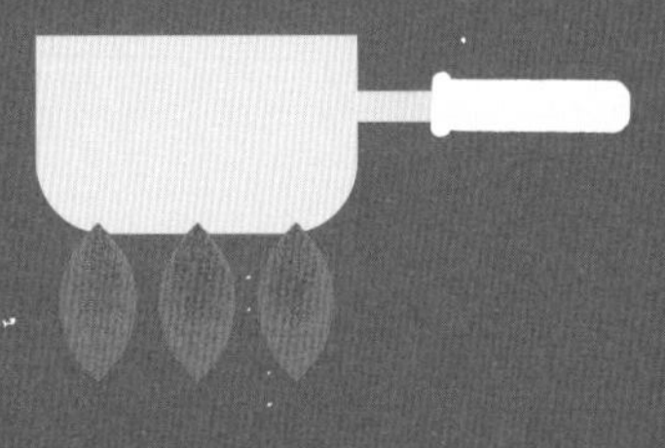

5 차가운 얼음 조각들을 눈처럼 갈아주고

6 토마토 시럽과 연유를 함께 뿌려주면 완성!

INTERVIEW OUR HOUSE

친구들은 각자의 집에 대해 어떻게 생각할까? 인터뷰를 하면서 이야기를 나눠보자.

인터뷰 1

이름이 무엇인가요? ____________________

지금 사는 동네는 어디인가요? ____________________

집에서 좋아하는 것 세 가지를 말해주세요.

1. ____

2. ____

3. ____

인터뷰 2

이름이 무엇인가요? ____________________

지금 사는 동네는 어디인가요? ____________________

집에서 좋아하는 것 세 가지를 말해주세요.

1. ____

2. ____

3. ____

인터뷰 3

이름이 무엇인가요? ____________________

지금 사는 동네는 어디인가요? ____________________

집에서 좋아하는 것 세 가지를 말해주세요.

1. ____

2. ____

3. ____

오월의 우리는 충분해

우리는 햇빛이 따사로운 5월에 오월학교에 모였어.
가족에게 편지를 쓰고, 그 편지를 담을 '마음서랍'을 만들기 위해서지.
춘천의 푸르른 쉼터 오월학교에서 마음을 나누고 추억을 쌓으니 우리 가족의 오월이 충분해졌어!

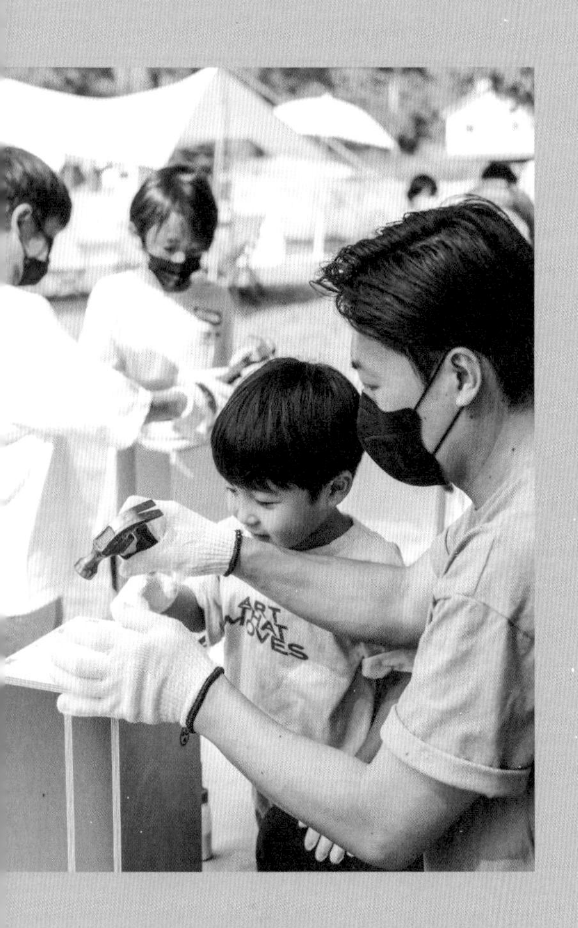

program

1. 애정을 담아 편지 쓰기
2. 온 가족이 힘을 모아 '마음서랍' 만들기
3. 오월학교 앞에서 가족사진 찍기
4. 오월스테이에서 행복한 하루를 보내기

정이든, 정이온

이퍼 리아

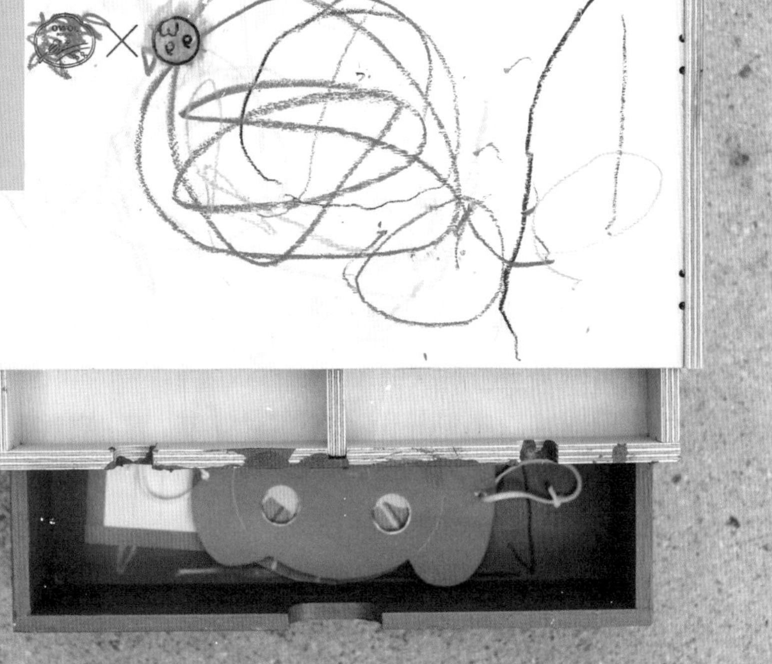

유준혁, 유민준

황유주, 황유나

구로아

오월학교Owol School는 온 가족이 자연을 벗 삼아 편안하게 쉬고 즐길 수 있는 특별한 공간이다. 다양한 목공 클래스를 운영하고 오월 스테이, 카페와 레스토랑이 마련되어 찾는 이에게 오붓한 시간을 만들어준다. owolschool.co.kr

모두 똑같은 집처럼 보여도, 안을 보면 전부 다른 모습이야. 같은 날짜의 같은 시간이라도 누군가는 밥을 먹고, 누군가는 청소를 하는 거지. 사람들이 무얼 하는지 살펴보면서 알파벳 A부터 J까지 찾아볼까?

Illustrator Katarzyna Księżopolska

저 초록 애벌레 보여? 맛있는 음식을 잔뜩 쌓아두고 그 위에 올라가 있네.
아래의 자를 잘라서 애벌레가 얼마만큼 긴 음식들을 먹는지 세로 길이를 재보자.
오이와 소시지는 누워 있다는 걸 잊지마.

머핀은
_____ cm야.

오이는
_____ cm네.

소시지는
_____ cm고

샌드위치는
_____ cm야.

15
14
13
12
11
10
9
8
7
6
5
4
3
2
1

마지막 페이지에서 정답을 확인해 보세요.

world of ERIC CARLE
시공주니어

play

COLOR THE PLANETS!

살고 싶은 집을 찾으러 우주까지 왔어.
어떤 행성에 집을 지을지 직접 색칠하고
정해보자.

카 메 라 아 이 스 크 림
그림에 있는 낱말을 찾아봐!
화
산
레
몬
포
도
축
구
블 루 베 리 캐 리 어 공

내가 이 동네를 사랑하는 10 가지 이유

KIDS EDITOR

우리 동네는 좋아. 때로는 지루하고 즐겁고 더러워. 특히 길에 똥이 많아. 난 똥을 발견하면 꿈이라고 생각해. 꿈에 똥이 나오면 행운이잖아. 밟거나 만지면 더 좋고, 그래서 난 꿈이라고 생각해. 그렇게 생각하면 우리 동네는 행운이 가득한 곳이 되는 거거든.

에디터 유이안

① 콜로세움이 가까워서

: 버스를 타면 10분 이면 도착해요.

② 친구가 살아서

: 우리집 테라스에서 루카를 부르면 루카네 테라스에서 대답해요.

③ 낙서가 많아서

: 사진을 찍으면 정말 멋져요

④ 슈퍼가 우리집 밑에 있어서

: 필요할때 바로 살 수 있고, 더우면 쉬다가도 돼요.

⑤ 맛집이 많아서

: 배고플때 가면 돼요.

⑥ 내리 막길이 있어서

: 킥보드를 타고 내려가면 정말 기분이 좋아요.

⑦ 줄넘기 연습을 할 수 있는 곳이 있어서 : 매일 연습해요.

⑧ 종소리가 들려요

: 내 방에서 성당이 보여요.

⑨ 학교가 가까워요.

: 늦잠을 잘 수 있어요.

⑩ 그 중에서 가장 멋진 건 내가 산다는 거예요.

동네에 미술관이 모여 있다면 어떤 모습일까?

BY PAPAWORKROOM

안 녕?

ONE
PAPA
TICKET
ART MUSEUM
2022

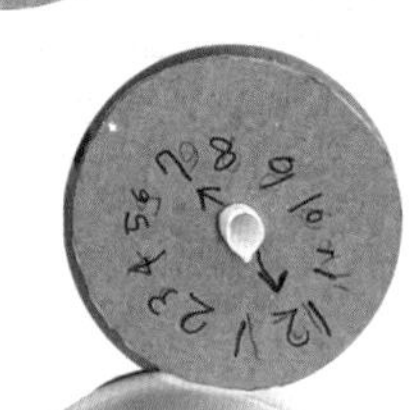

아래의 조각들을 자유롭게 활용하여 동네에서 만날 수 있는 조각상을 만들어 보아요.

학교에 가거나 놀러 나가기 전, 집에서 보내는 시간에 무엇을 하니?
그리고 만약 하고 싶은 일을 다 할 수 있는 집을 짓는다면 어떻게 짓고 싶니?

BY BDC ARTSTUDIO

김효주

김대길

이재인

이 건축물에 대하여

이 건축물은 모두 7층으로 이루어져 있으며 1, 2층은 집, 위에는 내 방이 있고 바이올린 연습실, 놀이 동산, 정원, 부엌 등으로 이루어져 있다. 내 방과 바이올린 연습실 가운데는 기네스북에 오를 초대박 상들리에가 있으며, 놀이 동산에는 한 2km 쯤 되는 워터 슬라이드가 있다. 6층과 7층을 연결하는 것은 계단이 아니라 롤러코스로 이루어져 있다. 층과 층은 대리석 기둥으로 받쳐져 있다. 이 집은 온갖 도살장치가 설치 되어 있어서 이 집의 주인 말고는 아무도 들어오지 못한다.

이현수

이 건축물은 모두 다이아몬드와 순금이, 순금이 아니라 사파이어로 만들어져있다.

그리고 관계자 외 출입 금지고, 관계자도 내 방에는 허락을 받아야 한다.

슬라이딩도 있는데 버튼이 많이 있다. 그중에 죽을 만큼 빠르게를 눌르면 내려 왔을 때 사람이 죽어있다.

CCTV도 있어서 도둑이들면 경보기가 울린다.

돈, 아니라 금고도 있는데 금고문에 CCTV가 붙어있고 금고 안에 도 돈같이 생긴 CCTV가 있어서 도둑이 드는 것은 불가능하다.

이름: 축구공집

장소: 인조잔디

정보: 1. 34의방. 2. 축구의 대한 물건들이 있음.

3. 꿈이 축구선수기 때문에 이집을 건축했음.

4. 다양한 방들이 있음

5. 2021년 3월 4일에 건축을 완성했음.

6. 빈방이 있음.

주의상황: 축공 집을 발로 차면 부서집니다

안전수칙: 재미있게 보기. 장난치지 않기. 싸우지 않기.

장리온

PLANTIST, A WIZARD OF PLANTS!

플랜티스트라는 직업을 알고 있어? 꽃과 풀을 활용해서 하나의 작품을 만들어 내는 마법사야! 우리는 다양한 꽃과 잎, 줄기를 모아서 식물의 집을 만들었어. 우리 집을 푸르른 공간으로 변신시켜준 작품인데, 한번 구경해볼래?

김가인, 7세
"정원과 수영장이 있는 행복한 집!"

김시온, 7세
"강아지와 함께 즐거운 집에 사는 것이 꿈이에요."

김시윤, 7세
"마법의 집에서 살고 싶어요. 소원을 들어주고 날아다니는 나의 집은 어디든지 갈 수 있어요."

BY ZUT ATELIER

김정안, 7세
“피라미드처럼 생긴 세모난 집이 좋아요. 신비로운 공간에서 살고 싶

이지안, 7세
“반짝반짝 무지개 아파트에서 도마뱀이랑 같이 살고 싶어요.”

김주하, 7세
“꽃과 무지개가 그려진 반짝반짝한 우리집에서
강아지, 고양이와 함께 살고 싶어요.”

조수진, 7세
"언제나 행복이 가득한 귀여운 집이에요."

박주하, 7세
"비밀의 집을 만들어 봤어요."

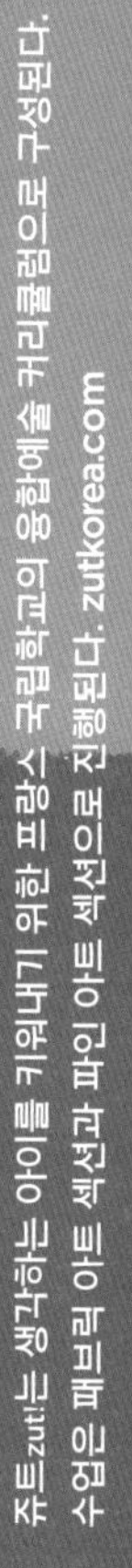

MY TEENY-TINY BOOK

멋진 그림책을 내 손에 쏙 들어오는 미니북으로 만들어보자.

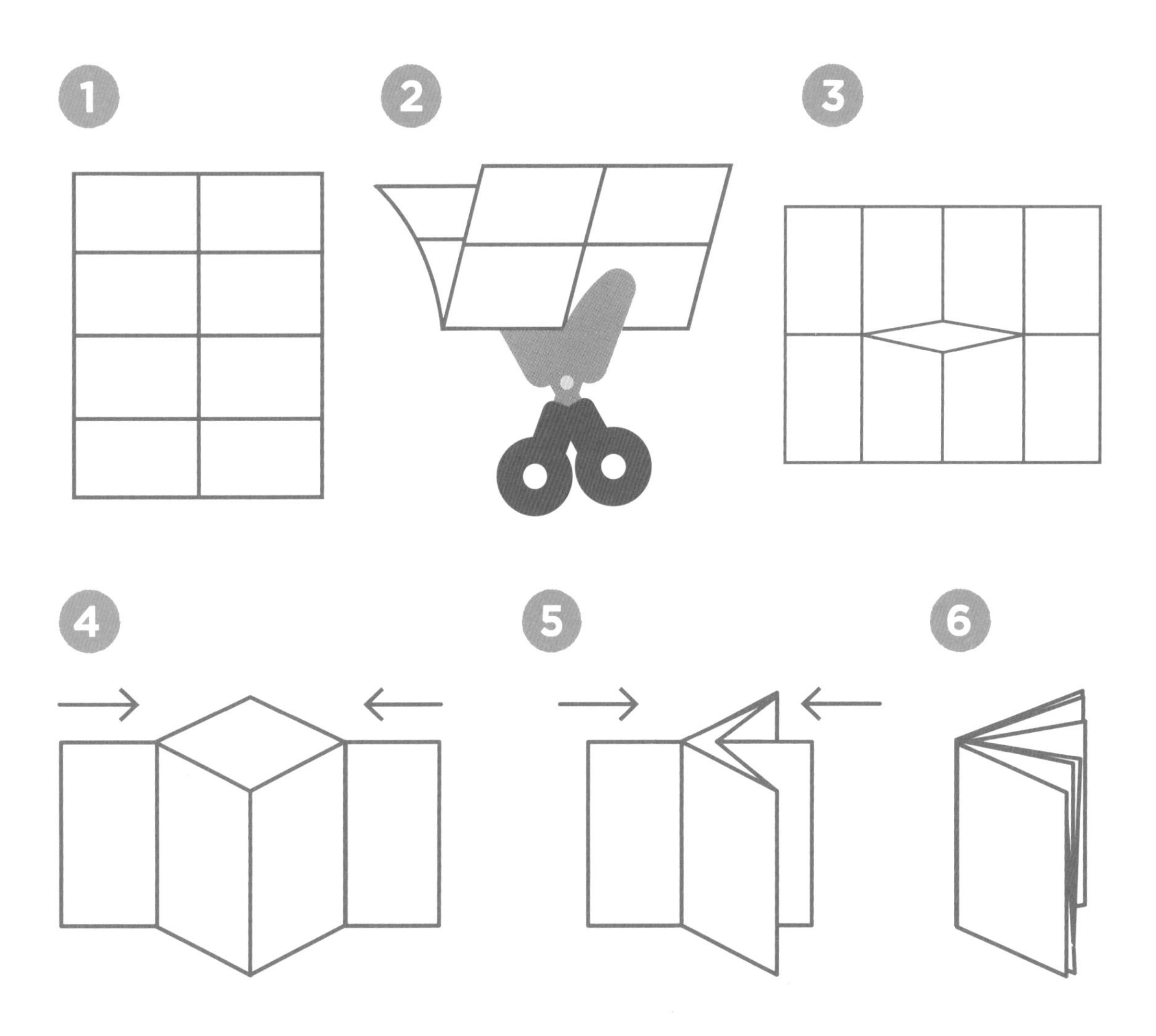

달님이랑 꿈이랑

글·그림 양선 | 사계절

밤이 어둑해지면 잠을 청하는 소년. 창밖에 달님이 지켜주고 있지만 악몽을 꿀까봐 초조한 마음이 든다. 달님과 함께 악몽이 사는 집으로 찾아간다면, 검고 칙칙한 공간에 알록달록 색을 입혀주고 편한 이야기를 해준다면 조금 달라질까? 사실 악몽도 무서움을 많이 타는 친구일지 모른다.

달님이랑
꿈이랑
양선

THE RULES OF MY HOUSE

함께 사는 사람들과 규칙을
만들어보는 건 어때?
나는 '집에 돌아오면 꼭 안아주기'를
규칙으로 정하고 싶어.

우리 집 사용 설명서

1.

2.

3.

4.

5.

6.

7.